Charles-Hubert Lavollée

Les Expositions universelles et leur influence sur l'industrie contemporaine

Essai

 Le code de la propriété intellectuelle du 1er juillet 1992 interdit en effet expressément la photocopie à usage collectif sans autorisation des ayants droit. Or, cette pratique s'est généralisée dans les établissements d'enseignement supérieur, provoquant une baisse brutale des achats de livres et de revues, au point que la possibilité même pour les auteurs de créer des œuvres nouvelles et de les faire éditer correctement est aujourd'hui menacée. En application de la loi du 11 mars 1957, il est interdit de reproduire intégralement ou partiellement le présent ouvrage, sur quelque support que ce soit, sans autorisation de l'Éditeur ou du Centre Français d'Exploitation du Droit de Copie, 20, rue Grands Augustins, 75006 Paris.

ISBN : 978-1719491129

10 9 8 7 6 5 4 3 2 1

Charles-Hubert Lavollée

Les Expositions universelles et leur influence sur l'industrie contemporaine

Essai

Table de Matières

Introduction	7
Section I	10
Section II	25

Introduction

La cause des expositions universelles est définitivement gagnée. Ce n'est pas qu'il y ait jamais eu aucun doute sur le mérite de l'idée qui rapprochait dans une même enceinte tous les produits du globe. Evidemment, ce rendez-vous général, où les différentes nations apportaient les richesses de leur sol ainsi que les créations de leur travail, cette éloquente comparaison de leurs ressources et de leurs forces productives, cet enseignement mutuel qu'elles échangeaient directement et face à face, tout cela procédait d'une idée à la fois grande et juste, et ne pouvait manquer d'être applaudi ; mais d'un autre côté, même après le succès si éclatant des expositions de 1851 et de 1855, il était permis de craindre qu'un tel spectacle, par sa grandeur même, ne se prêtât point à de fréquentes représentations. Les gouvernements et les industriels voudraient-ils et pourraient-ils s'imposer à de courts intervalles les soins, les embarras, les dépenses qu'entraîne une exposition universelle ? Les peuples ne devaient-ils point se lasser et se blaser à la vue de ce tableau se déroulant comme un panorama sans fin ? L'exposition de 1862 a dissipé ces incertitudes. Par le nombre, par la variété et par l'éclat des produits, elle a été de beaucoup supérieure aux deux expositions qui l'ont précédée ; l'empressement des spectateurs, loin de se ralentir, a été plus curieux et plus vif, et l'on doit être bien convaincu que les expositions universelles peuvent impunément se multiplier ; elles sont devenues une nécessité, une institution de notre temps.

Si, au point de vue pratique et purement industriel, ces expositions, en propageant les meilleurs modes de fabrication et en répandant la connaissance des produits nouveaux, sont appelées à rendre de très grands services, elles nous paraissent surtout intéressantes et utiles à raison de l'influence qu'elles doivent exercer sur la législation qui régit les conditions du travail. En même temps qu'elles excitent l'attention du manufacturier, elles provoquent les études de l'économiste, qui n'en est plus réduit à dogmatiser d'après des principes abstraits, et qui peut désormais rechercher sûrement et saisir sur le vif, non-seulement les caractères de l'industrie chez les différentes nations, mais encore les causes de la supériorité ou de l'infériorité que révèle la comparaison des produits. Les gouvernements l'ont bien compris : après avoir pourvu aux mesures nécessaires pour faciliter à leurs nationaux l'accès du grand concours qui s'ouvrait à Londres, et pour organiser dans les conditions les plus libérales la partie matérielle de l'exposition, ils ont apporté le plus grand soin au choix des commissaires destinés à former le jury international, de manière à obtenir une étude éclairée et compétente des procédés industriels et des régimes économiques.

En 1862, cette étude offrait pour la France un intérêt tout particulier. Par le traité de commerce conclu avec l'Angleterre, nous venions de faire un pas décisif vers la liberté des échanges. Cet événement considérable était l'objet des appréciations les plus contradictoires : les uns y voyaient la ruine, les autres le développement de notre industrie. Déjà le débat s'était engagé dans l'enquête à laquelle avait procédé le conseil supérieur de commerce, chargé de fixer le taux des droits de douanes qui devaient remplacer les prohibitions ou les taxes prohibitives. L'exposition pouvait l'éclairer de la plus vive lumière en mettant les produits français en présence des produits étrangers, et notamment des produits anglais, si redoutés par nos manufacturiers. Il s'agissait donc d'une épreuve presque solennelle où l'industrie devait fournir la mesure des efforts qu'elle avait accomplis depuis l'exposition de 1855, et de ceux qu'elle devait accomplir encore sous l'aiguillon d'une concurrence devenue plus active et plus directe. Le traité de commerce allait être jugé sur pièces, par-devant le public européen, à l'aide de témoignages irrécusables, car dans ce grand procès tous les intéressés étaient appelés à comparaître avec les produits de leurs usines, C'était là une tâche difficile en même temps qu'une grave responsabilité pour la commission française, qui devait non-seulement concourir à la distribution des récompenses, mais encore prononcer un jugement entre les industries rivales, étudier les forces productives de chaque pays, et pressentir les destinées que la réforme économique réservait aux manufactures nationales. La commission, présidée par M. Michel Chevalier, n'a point failli à cette tâche, et la collection de ses rapports est un véritable monument de science et de pratique industrielles dont une éloquente introduction forme le frontispice : monument élevé à l'honneur de notre génération laborieuse et libérale, et surtout, disons-le tout de suite, à l'honneur de l'industrie française, dont cette dernière épreuve a consacré les ressources et la vitalité.¹ Fidèles au programme qui leur avait été tracé, les rapporteurs ne se sont point contentés de signaler les merveilleux perfectionnements réalisés, à l'étranger comme en France, dans les diverses branches de travail, et de montrer à quel point, sous l'influence incontestable des expositions universelles, et par le grand courant d'émulation qui s'est répandu sur toute la surface du globe, la production générale s'est améliorée et multipliée ; ils ont saisi l'occasion d'étudier les lois et jusqu'aux simples règlements qui président à la création des produits ; ils se sont livrés à un examen approfondi de la législation française, comparée avec les législations étrangères. De cet examen sont sortis des propositions et des conseils que les gouvernements feront sagement de méditer, et qui, dans tous les cas, méritent au plus haut degré l'attention publique. C'est principalement à ce titre que les rapports de la commission française, complétant l'enquête de 1860, doivent être lus et consultés ; mais ce ne sont point les seuls documents qu'ait produits l'exposition. Des délégations ouvrières ont été envoyées à Londres. On désirait que les ouvriers les plus intelligents de nos cités manufacturières eussent leur part de ce grand spectacle, et que les simples soldats de l'industrie fussent admis à cette revue pacifique dans laquelle se dépliaient leurs drapeaux. C'était une bonne pensée de les associer directement à l'œuvre de l'exposition ; c'était un acte de justice, car dans les travaux de l'industrie le succès appartient à la main qui exécute comme à la tête qui dirige et au génie qui crée, et il était juste d'appeler à l'honneur tous ceux qui avaient été à la peine. De même que les chefs d'industrie devaient étudier avec profit le tableau comparatif qui leur était présenté dans le palais de Kensington, soit pour se rassurer et s'affermir dans leur supériorité, soit pour reconnaître la distance qui les séparait de leurs concurrents, de même les ouvriers avaient tout à gagner en jugeant par eux-mêmes les produits étrangers, et en voyant de près cette grande industrie anglaise à l'égard de laquelle les exagérations de l'amour-propre national et l'instinct de l'intérêt personnel leur inspiraient tour à tour les sentiments, en apparence inconciliables, du dédain ou de la crainte. À leur retour de Londres, les délégations de Paris, de Lyon, de Saint-Quentin, etc., ont publié

1 Voyez l'étude de M. Michel Chevalier sur *l'industrie moderne à propos de l'exposition universelle de 1862*, dans la *Revue* du 1er novembre de la même année.

leurs observations pratiques et leurs impressions morales dans des rapports qui circulent sans doute dans tous les ateliers, et qui sont d'autant plus dignes d'attention qu'ils traduisent plus librement la pensée intime des classes ouvrières sur des questions débattues et rebattues, mais toujours difficiles et quelquefois périlleuses : il s'agit de l'organisation du travail, des relations entre patrons et ouvriers, et de la fixation des salaires. Il faut donc lire ces rapports ; on y trouvera autre chose qu'un compte-rendu d'exposition : c'est une manifestation, c'est la révélation d'un mot d'ordre. Il ne suffit pas que les travaux des membres de la commission française nous tiennent au courant des progrès de l'industrie contemporaine et nous signalent quelques réformes utiles qui hâteront le triomphe de la liberté commerciale ; observons en même temps les idées et les aspirations des classes ouvrières. L'exposition de 1862 fournit les éléments de cette double étude dans les documents de nature et d'origine si différentes que nous venons d'indiquer.

Section I

En examinant dans son ensemble l'exposition de 1862, on remarque tout d'abord le caractère de similitude que présentent aujourd'hui les produits des nations industrielles. En 1851, lors de la première exposition universelle, le visiteur observait presque à chaque pas des inégalités et des contrastes qui trahissaient la diversité des procédés de fabrication. Les galeries consacrées aux produits français se distinguaient essentiellement de celles qui contenaient, les produits anglais ou allemands. Ce qui abondait et brillait dans les unes était absent ou très effacé dans les autres. Les produits similaires, c'est-à-dire devant servir aux mêmes usages, étaient ici et là d'un aspect différent. En un mot, chaque pas que l'on faisait sous les voûtes du Palais de Cristal était comme un voyage de découvertes et conduisait l'observateur vers une terre nouvelle. Chaque pays conservait son génie, sa marque industrielle. L'originalité éclatait de toutes parts. Entre les produits bruts ou à peine ébauchés des pays sauvages et les produits les plus perfectionnés du goût européen, l'œil découvrait successivement toutes les couches de l'industrie humaine, s'élevant par degrés de la fabrication rudimentaire à la fabrication supérieure. Déjà en

1855, la plupart de ces distinctions et de ces différences s'étaient fort atténuées.[1] En 1862, elles ont presque entièrement disparu. Les procédés et les méthodes ont fait le tour du monde industriel, et se sont propagés avec une rapidité vraiment merveilleuse chez tous les peuples. Partout on s'approvisionne des mêmes matières, on emploie les mêmes moyens mécaniques, le travail manuel a acquis une habileté presque égale, la science répand les mêmes enseignements, et le goût s'inspire aux mêmes sources. À l'originalité s'est substituée l'uniformité. Prodigieuse vertu du génie de l'homme ! alors qu'il est si difficile de transplanter d'un sol dans un autre les productions naturelles et d'étendre le domaine que la Providence leur a primitivement assigné, l'homme, sous les latitudes et dans les conditions les plus diverses, parvient à se familiariser avec tous les genres de travail, discipline ses forces, façonne son esprit et son goût à toutes les conceptions, et se manifeste partout avec l'intelligence souveraine qui asservit le monde entier à ses lois. C'est ainsi qu'en Amérique comme en Europe, dans les colonies naissantes de l'Australie aussi bien que dans les plus vieilles métropoles, le travail de l'homme peut enfanter les mêmes produits avec une habileté presque égale. Il semble qu'il n'y ait plus d'industrie nationale : l'industrie devient universelle.

Ce résultat est dû aux conquêtes de la science contemporaine. La vapeur transporte incessamment l'homme, qui est le premier instrument de la production, sur les divers points du globe, et avec l'homme les engins mécaniques, dont l'aveugle et docile puissance se développe sans distinction de sol ni de climat. Il n'y a donc point de pays où l'industrie ne soit appelée à se naturaliser et à prospérer. Une part de plus en plus grande est faite au travail des machines, et une part moindre est laissée aux bras de l'homme. Dès lors, la fabrication, servie par des organes plus énergiques, est plus abondante, et les produits qu'elle multiplie à l'aide des mêmes moyens acquièrent du premier coup cet égal degré de perfection qui a frappé les visiteurs du palais de Kensington. C'est un grand progrès, tout à la fois matériel et moral. L'exposition de 1862 a prouvé que depuis 1855 le génie des inventeurs industriels n'avait

---

1 Voyez, sur les expositions de 1851 et de 1855, les études de MM. Alexis de Valon et Louis Reybaud dans la *Revue* du 15 juillet 1851 et du 15 décembre 1855.

point sommeillé ; mais elle a montré principalement que, par une féconde propagande, les inventions se sont répandues chez tous les peuples, de telle sorte que les nations les plus humbles peuvent désormais, dans la lutte industrielle, s'élever à la taille des plus grandes.

Cette démonstration apparaît à chaque page dans les rapports du jury français ; elle atteste que tous les peuples ont largement profité des enseignements que leur avaient donnés les expositions antérieures, elle justifie les mesures libérales qui ont été prises en vue de développer les échanges commerciaux, et en même temps elle trace la route à suivre pour assurer désormais le progrès industriel. Certes il existe encore et il existera toujours entre certains pays, pour telle ou telle branche de production, des inégalités naturelles qui tendront à élever ou à abaisser les prix de revient ; mais ce n'est point l'application d'un droit de douane qui corrigera le plus sûrement ces différends : c'est par l'amélioration de l'outillage et des voies de transport, par l'extension du crédit, par la révision et souvent par la suppression des règlements intérieurs, par la diffusion de l'enseignement, c'est en un mot par des procédés qui se justifient d'eux-mêmes, et non plus par l'expédient artificiel d'un tarif, que chaque peuple se mettra en mesure de soutenir la concurrence industrielle et de défendre les intérêts du travail national. Les documents que nous avons sous les yeux s'accordent à cet égard. Parmi les rapporteurs qui ont rendu compte de l'exposition de 1862, il n'en est aucun qui ait sollicité l'exhaussement d'une taxe. Tous au contraire ont applaudi à la réforme du tarif et se sont franchement ralliés aux principes qui viennent de triompher dans notre législation. Cette opinion unanime a une très grande portée. Jusqu'ici, la protection accordée à l'industrie tendait à limiter la concurrence, et avait pour résultat nécessaire de rendre les produits plus rares sur le marché, et par suite plus coûteux. Avec le nouveau régime, qui admet la concurrence extérieure, on vise à obtenir une plus grande somme de produits et à les vendre moins cher, afin qu'ils deviennent accessibles à un plus grand nombre d'acheteurs. Le premier système comprimait et opprimait la consommation ; le second est tout à la fois favorable à la production et à la consommation, dont les intérêts sont étroitement unis, la consommation étant en général d'autant plus active que la production est moins coûteuse, et de même la production s'accroissant en raison directe des besoins qu'elle a créés. Au lieu de chercher le salut de l'industrie dans une combinaison qui par le maintien des hauts prix paralyse l'essor de la consommation, on le cherche et on le trouve dans l'étude des mesures qui procurent l'abondance, la perfection et le bon marché des produits. Telle est, en termes abstraits, la doctrine qui se dégage des rapports du jury de Londres, et il est superflu d'insister sur l'influence féconde que cette doctrine, éclairée par les faits, doit exercer sur le bien-être universel. C'est là que se rencontre enfin la solution définitive du problème qui, pendant tant d'années, a divisé les économistes et les hommes d'état.

Pour aucune branche de travail, cette preuve n'est plus éclatante que pour l'agriculture. Pendant de longues années, l'Angleterre et tous les pays du continent opposaient un veto rigoureux à l'introduction des subsistances étrangères. Il semblait que la fortune, la vie même de la nation dût être en péril, si la législation venait à autoriser ce qu'on appelait alors l'invasion des céréales et des bestiaux du dehors. Ce régime restrictif a été remplacé par la liberté du commerce des grains. Qu'en est-il résulté ? Une production plus abondante déterminée par une demande toujours croissante de la consommation, une plus grande fixité des prix par suite de la plus grande facilité des échanges, plus de profits pour le cultivateur et plus de bien-être pour tous. Il est certain qu'aujourd'hui les populations se nourrissent mieux qu'autrefois, et ce progrès, qui est le premier de tous, s'est manifesté précisément dans les contrées qui, rompant avec les vieilles traditions, ont inauguré le nouveau système commercial. Si l'industrie anglaise conserve encore quelque supériorité, c'est en partie à l'alimentation plus forte et plus substantielle de ses ouvriers qu'elle le doit ; c'est à la suppression du tarif des céréales et des bestiaux. Il a suffi d'une expérience de trois années pour montrer qu'en France l'adoption du même régime économique, loin d'être ruineuse pour l'agriculture, comme on le prétendait avec des lamentations si bruyantes, est très avantageuse pour tous les intérêts. Désormais le cultivateur ne doit plus compter sur la hausse du prix des denrées pour accroître ses bénéfices ; il faut qu'il se résigne à ne plus préférer une récolte insuffisante, qui élève le cours du blé et lui permet de vendre cher, à une récolte favorable, qui abaisse le taux des mercuriales : situation étrange, anormale et presque monstrueuse, qui était la conséquence forcée du système prohibitif. Il ne peut trouver de profit que dans une production plus, économique, mieux entendue et plus abondante. C'est ainsi que l'agriculture anglaise est demeurée très prospère : elle a vu baisser le prix de ses denrées par l'effet régulier des importations du dehors ; mais elle a perfectionné ses instruments et ses méthodes de travail, elle a augmenté le rendement de la surface cultivée, de telle sorte que le produit net, avec un prix de vente moins élevé, est égal et même supérieur à ce qu'il était antérieurement à la réforme. C'est vers ce but que doivent tendre tous les efforts. Les rapports de l'exposition de Londres attestent que, dans l'état actuel des choses, l'agriculture française est parfaitement en mesure de lutter contre la concurrence de l'étranger. Après les blés de l'Australie, qui ont été classés en première ligne (et certes on ne dira pas que cette supériorité est due à la bienfaisante action d'un tarif protecteur), ce sont les blés français qui, selon le témoignage du rapporteur, M. Georges, ont mérité la mention la plus honorable. Si les blés anglais étaient d'apparence plus brillante, les nôtres l'emportaient par la composition intrinsèque du grain. Quant aux farines, nos marques conservent un avantage incontestable. Nous n'avons donc rien, à craindre de la concurrence quant à la qualité même du produit, mais le rendement par hectare, au moins dans certaines régions, est évidemment inférieur, et c'est là ce qui préoccupe avec raison notre agriculture.

La valeur de la propriété foncière en France ne cesse de s'accroître, et en même temps le prix de la main-d'œuvre augmente, parce que les bras consacrés au travail de la terre deviennent plus rares. Ces deux faits incontestables, qui semblent s'opposer au bon marché des subsistances, ne s'observent point seulement dans notre pays ; ils se manifestent aussi bien en Angleterre et en Allemagne qu'en France. Ils proviennent de l'immense mouvement industriel qui s'est révélé de notre temps, et qui a exercé une influence si grande sur le développement du capital et du travail. Cependant le déplacement des populations rurales, attirées vers les villes par les salaires de l'industrie, est un sujet presque général de plaintes : on y voit comme un rapt dont l'agriculture est victime. Les esprits timides se bornent à le signaler et à le déplorer en termes vagues : les plus osés n'hésitent pas à provoquer des mesures prohibitives, des règlements de police, des lois au besoin qui rétabliraient presque le régime de la glèbe pour mettre obstacle à l'émigration. Nous avons peine à nous expliquer le mouvement qui se fait autour d'une question si simple. Empêcher, même indirectement, celui qui travaille de se porter là où il lui convient le mieux d'aller et où il obtient le meilleur salaire, ce n'est pas seulement une faute économique, c'est une erreur politique, un acte de véritable tyrannie. Dans quel code puiserait-on un pareil droit ? Les notions les plus élémentaires de la justice veulent que chacun conserve l'entière disposition de ses bras, et le bon sens se révolte contre toute mesure qui prétendrait entraver ou même diriger les pérégrinations du travail.

Si l'enchérissement de la main-d'œuvre agricole était aussi fatal qu'on le prétend, on ne verrait point la terre augmenter de valeur, car la terre, comme toute autre propriété, ne vaut qu'en proportion de ce qu'elle rapporte. Or l'empressement avec lequel le capital la recherche prouve surabondamment que, malgré la hausse des salaires, le revenu de la terre s'accroît. Il existe donc un moyen, un moyen puissant, de combattre, dans l'intérêt de la production et du revenu net, les causes de cherté que nous venons d'indiquer. Ce moyen consiste à améliorer le travail de la terre en y appliquant avec intelligence les ressources du capital, en perfectionnant l'outillage et en remplaçant autant que possible par des engins mécaniques la main-d'œuvre devenue plus rare. C'est ainsi que le sol devient plus fécond et qu'il doit tout à la fois procurer au propriétaire une rente plus élevée, à l'ouvrier un salaire meilleur, et à la consommation une plus grande quantité comme une qualité supérieure de produits, sans qu'il y ait augmentation du prix des subsistances. Mieux encore : il est permis d'espérer que ce triple résultat peut être obtenu avec un abaissement de prix. Tout le problème réside dans la question du rendement.

Que l'agriculture anglaise ait à cet égard une certaine avance, cela paraît généralement admis ; mais il n'est pas moins évident que l'agriculture française, entrée plus tard dans les voies nouvelles, a réalisé déjà de très grands progrès. Il y a quinze ans, les instruments agricoles figuraient à peine dans le catalogue des expositions. À cette époque, ridée d'installer une locomotive en plein champ eût été certainement taxée de folie. Quelle figure ébahie et moqueuse aurait faite un comice rural devant lequel un inventeur serait venu proposer de creuser des sillons à la vapeur ! La situation est bien changée. Aux engourdissements de la routine a succédé une fièvre de progrès dont il faut maintenant que les esprits sages modèrent les accès et dissipent les rêves. Dans les concours régionaux, dans les moindres expositions locales, la classe des outils et instruments tient aujourd'hui la plus grande place ; c'est celle qui excite le plus vivement la curiosité et l'attention des cultivateurs. Quand on entre dans les galeries où ces instruments sont en marche, on se croirait transporté au milieu d'une usine : on entend les sifflements aigus de la vapeur, les coups précipités des pistons, le jeu régulier des poulies et des engrenages. Quelle révolution ! Le rapport de M. Hervé-Mangon sur les instruments et machines agricoles exposés à Londres en 1862 retrace, avec des détails pleins d'intérêt, l'historique des inventions, des expériences et des résultats qui éclairent cette grande question. On en est encore au début, et déjà « les machines ont pris possession de l'atelier rural comme de l'atelier industriel. » Jamais peut-être, à aucune époque ni dans aucune branche d'industrie, le progrès n'a été aussi remarquable ni aussi prompt.

L'agriculture est donc en possession des moyens à l'aide desquels elle peut non-seulement combler le déficit des bras, mais encore augmenter la force productive du sol. L'exposition de 1862 lui a ouvert les perspectives les plus rassurantes, et le rapport de M. Hervé-Mangon ne laisse aucun doute sur la solution du problème. Pour produire mieux et pour produire plus, il faut que l'agriculture emprunte les procédés de l'industrie, à savoir l'emploi plus généreux du capital ainsi que le concours de la puissance mécanique. Et c'est ici qu'apparaissent de la manière la plus manifeste les immenses services que l'industrie a rendus à l'agriculture. Avec les bras qu'on l'accuse si amèrement d'avoir enlevés à la terre, l'industrie a répandu partout la richesse ; elle a décuplé peut-être le capital du pays, et c'est ce capital ainsi augmenté dans une proportion énorme qui maintenant retourne à la terre pour la féconder. Ces machines qui vont se substituer avantageusement au travail de l'homme, c'est l'industrie qui les a inventées d'abord pour son usage, et qui ensuite les a transformées pour les livrer, dociles et infatigables, au service du sol. Cette vérité ne saurait être trop fréquemment répétée, car elle réfute les périlleuses déclamations d'une école qui cherche à établir entre la fortune mobilière et la fortune immobilière une sorte d'antagonisme. Il n'y a point de plus funeste erreur que celle de ces financiers qui, à bout de ressources, tentent d'exploiter cet antagonisme pour surtaxer les valeurs créées par l'industrie. Si la terre, considérée comme capital, présente les avantages de là fixité et de la durée, elle n'a point par elle-même l'élasticité de valeur qui caractérise le capital industriel, et elle ne gagne, elle ne profite sensiblement que par les subventions de la fortune mobilière. C'est agir tout à fait à l'inverse de l'intérêt foncier que de céder à ses préjugés et à son aveugle jalousie en frappant d'impôts la portion la plus féconde et la plus vulnérable de la richesse publique. Comment ne pas remarquer que ce sont les nations les plus avancées en industrie qui ont accompli les plus rapides progrès dans l'agriculture ? Et en France même n'est-il point évident que la supériorité agricole des départements du nord, de la Normandie et de l'Alsace est due en partie au voisinage des grands réservoirs de capitaux, d'intelligence et d'activité qui se sont formés dans ces régions manufacturières ? La constatation de cette harmonie économique doit éclairer les sentiments, les opinions et les lois. Que l'agriculture cesse de maudire les prétendus empiétements de l'industrie, que le législateur ne s'effraie point de la perturbation momentanée que l'on signale dans les prix de la main-d'œuvre agricole et derrière laquelle on croit apercevoir la rareté et le enchérissement des subsistances. L'augmentation du rendement de la terre est une conséquence certaine du progrès industriel qui s'est manifesté avec un nouvel éclat à l'exposition de 1862.

C'est à la fabrication des machines qu'appartient sans contredit le rôle le plus important dans la révolution qui a transformé presque toutes les branches d'industrie. Déjà la génération qui nous a précédés s'extasiait devant les forces nouvelles que la science, maîtresse de la vapeur, ajoutait au travail de l'homme. Ces forces bientôt n'ont plus suffi. Que sont devenues les premières locomotives qui ont couru sur les voies ferrées, et les premières machines qui ont mis en mouvement les *steamers* ? Elles ne seraient plus bonnes aujourd'hui qu'à figurer dans les musées. Ces merveilleux engins mécaniques ont acquis promptement des proportions et une puissance que les imaginations les plus ardentes n'auraient point osé concevoir, et ils n'ont pas dit leur dernier mot. La science, aidée à son tour par la pratique industrielle, tend à simplifier les rouages et à employer des métaux plus résistants. Le fer cédé la place à l'acier ; l'acier lui-même trouve dans les découvertes dues à M. Bessemer des qualités et des applications que l'on ne soupçonnait pas. La préparation plus habile, plus variée, plus abondante des métaux a influé nécessairement sur la construction des machines, et celles-ci se sont multipliées, non-seulement au profit des grandes manufactures, mais encore au profit d'industries qui étaient demeurées dans un ordre secondaire, ou qui paraissaient, à jamais réservées au travail manuel. Nous ne saurions énumérer ici tous les appareils nouveaux ou perfectionnés qui sont décrits dans les rapports du jury, Bornons-nous à constater, d'après les autorités les plus compétentes, que, dans ce prodigieux développement du génie mécanique auquel tous les peuples ont participé, la France se maintient aux premiers rangs. Cette appréciation est confirmée par les statistiques de la douane, où l'exportation des machines et mécaniques figure pour une valeur considérable, qui va s'accroissant chaque année. Sauf de rares exceptions qui s'appliquent à des articles spéciaux, les machines françaises ne le cèdent en rien, pour l'habileté de la fabrication, aux machines anglaises. Quelques machines françaises seraient même d'un emploi plus économique, parce qu'elles ont été établies de manière à consommer moins de combustible. La cherté de la houille en France a tout d'abord dirigé vers ce but les combinaisons des inventeurs et des constructeurs. Les fabricants anglais, qui n'avaient point à se préoccuper au même degré de cette question, commencent à en tenir compte, et depuis quelques années ils ont fait sous ce rapport de grands progrès.

Quant aux prix de fabrication, bien que l'écart qui existait entre les deux industries rivales se soit sensiblement réduit, l'avantage du bon marché demeure encore aux Anglais, qui possèdent des minerais, sinon meilleurs, du moins mieux exploités, d'immenses bassins de houille à proximité de leurs grandes usines, ainsi qu'un outillage plus varié. Ils sont notamment mieux approvisionnés pour les aciers, dont l'emploi tend à se substituer de plus en plus à celui du fer. Dans son rapport sur les locomotives, M. Eugène Flachat a signalé cette inégalité, et il a demandé que l'on stimulât en France la fabrication d'aciers supérieurs, non point par l'antique procédé de la prohibition ou d'une protection excessive, mais au contraire par une baisse radicale des tarifs, qui appliquerait à l'acier le traitement du fer ordinaire et qui retendrait même aux pièces fabriquées. L'Angleterre et l'Allemagne commenceraient sans doute par nous apporter de fortes quantités de leurs produits en acier, et ce serait tout bénéfice pour nos fabricants de machines. En même temps l'accroissement des besoins et des demandes inciterait les usines nationales à développer et à perfectionner, à l'aide des matières premières empruntées à nos voisins ou extraites de notre sol, leur fabrication en acier, car, on ne saurait trop le répéter, ce qui crée, ce qui encourage une industrie, c'est moins l'éloignement de la concurrence que le voisinage d'une abondante consommation, et cette vérité économique, qui a eu tant de peine à se faire jour à travers les traditions et les préjugés du passé, s'applique à tous les genres d'industrie. D'ailleurs il ne faut pas perdre de vue que l'acier est la matière première d'un grand nombre de machines, puisqu'il est l'élément des outils, et que l'outillage intéresse essentiellement la fabrication à tous les degrés. Il y a donc pour l'avenir un pas de plus à faire dans la voie des réformes libérales, et il dépend de l'administration d'atténuer la cause d'infériorité qu'a relevée M. Flachat à l'égard de nos ateliers de locomotives, et qui existe pareillement pour d'autres branches de la grande industrie des machines.

Nous avons vu ce que peut attendre l'agriculture du concours promis par les machines à la main-d'œuvre, qui devient insuffisante. Pour l'industrie manufacturière, les résultats obtenus depuis 1855 sont également très remarquables. Peut-être signalerait-on moins d'inventions nouvelles que pendant la période qui a suivi immédiatement la première exposition universelle ; mais les perfectionnements ont été nombreux, et en pareille matière perfectionner, c'est inventer une seconde fois, puisque chaque progrès amène immédiatement l'augmentation des forces productives et l'amélioration des produits. Citons par exemple la peigneuse Heilman, construite à Mulhouse, dans les ateliers de MM. Nicolas Schlumberger. Elle date de douze ans à peine, et déjà elle a reçu de nombreux perfectionnements. Pour le coton, elle permet d'obtenir économiquement et avec une régularité plus grande les filés les plus fins, et en outre elle procure le moyen d'utiliser des matières de qualité inférieure, dont l'emploi était difficile avec l'ancien outillage. En ce moment surtout, où les cotons des États-Unis font défaut et où l'on est obligé de les remplacer par les cotons de l'Inde, elle offre à l'industrie des ressources inappréciables. Pour là laine, elle donne des produits supérieurs à ceux de l'ancien peignage à la main, exclusivement usité jusqu'en 1834, et à ceux des premiers procédés mécaniques, qui avaient amené déjà une baisse de prix de 50 pour 100, de même que pour le coton elle facilite l'emploi de matières moyennes et inférieures avec lesquelles on fabrique, soit directement, soit au moyen de mélanges, des tissus à bon marché, accessibles à la masse des consommateurs. Grâce à cette machine, le peignage de la laine coûte aujourd'hui moitié moins qu'il ne coûtait il y a trente ans, et cette baisse de prix est accompagnée d'une hausse sensible des salaires. Nous la signalons ici, entre tant d'autres, non-seulement parce qu'elle rend à l'industrie les plus grands services, attestés par MM. Jean Dollfus et Larsonnier dans leurs rapports sur la dernière exposition, mais encore parce qu'elle est de construction française et fait honneur à l'une des principales usines de l'Alsace. — Observons, dans des industries plus modestes et plus familières, les conséquences vraiment merveilleuses d'un perfectionnement mécanique. Il n'est personne qui n'ait remarqué l'accroissement qui s'est produit dans la fabrication des boissons gazeuses. En 1832, on en débitait à Paris environ 500,000 bouteilles ; en 1851, 5 millions. Aujourd'hui la consommation de Paria dépasse 20 millions de bouteilles, et celle de toute la France atteint 40 millions. Cet énorme développement d'une consommation qui est tout à la fois agréable et hygiénique est dû aux procédés ingénieux par lesquels on a perfectionné la fabrication des siphons. Par ces procédés, qui sont appliqués en grand dans l'usine de MM. Hermann-Lachapelle et Glover, le prix de revient du siphon est réduit à 10 centimes, et le rapporteur du jury, M. Barral, calcule que l'importance de cette industrie des eaux gazeuses en France, industrie qui est demeurée longtemps presque insignifiante, se chiffre aujourd'hui par une somme de 30 millions de francs ! — Signalons encore les machines à coudre, qui font l'objet d'un rapport très intéressant de M. Gallon. C'est aux États-Unis que ces machines se sont le plus rapidement répandues : on cite une maison américaine qui est outillée pour en fabriquer 50,000 par an. L'invention s'est propagée en Angleterre et en France, où elle a reçu divers perfectionnements. On estime que, pour les gros ouvrages, une machine à coudre fait l'office de 25 hommes, et que pour la couture ordinaire elle remplace 10 ouvrières. Cette industrie n'en est encore qu'à ses débuts : la plupart des fabricants en possession de brevets tiennent les machines à un prix élevé, qui retarde les progrès de la consommation ; mais dès à présent les résultats sont considérables et laissent pressentir une révolution dans les conditions de la main-d'œuvre.

Nous avons insisté sur la question des machines, parce que c'est là, pour l'industrie contemporaine, la question capitale. L'emploi des forces mécaniques a modifié complètement le régime de la fabrication. Pour alimenter et pour rémunérer les machines, il faut désormais produire par grandes masses. La petite industrie n'est plus possible : les ateliers modestes qui prospéraient autrefois sont remplacés par les usines, où les ouvriers se comptent par centaines et par milliers. Vainement certains esprits déplorent-ils cette transformation, qui, accomplie depuis longtemps en Angleterre, commence à s'opérer en France pour la plupart des industries et sur presque tous les points du territoire. On redoute ces agglomérations d'ouvriers qui, désertant les campagnes, viennent s'établir dans les grandes villes ; on prévoit dans cette concentration industrielle non-seulement des difficultés politiques, mais encore un péril social ; on montre le relâchement des liens de famille, l'oubli du sentiment religieux, la démoralisation, et tous les maux qui s'ensuivent ; enfin, dans l'intérêt même des ouvriers, on allègue que le nouveau régime industriel les expose à se trouver frappés tous ensemble et du même coup par des crises générales, ou locales, qui les laisseront sans salaire et sans pain. Qui de nous n'a entendu exprimer avec conviction, et surtout avec éloquence, ces craintes et ces regrets ? Dieu nous garde de traiter légèrement de telles préoccupations ; mais il faut bien, quoi qu'on veuille, céder à la force des choses, et il nous paraît impossible de méconnaître qu'à moins de décréter la suppression des machines et de faire rétrograder l'industrie, on doit se résigner à la transformation des manufactures. Peut-être d'ailleurs serait-il aisé de prouver que les intérêts moraux et matériels des populations ouvrières ne sont nullement compromis par le nouveau système. Bornons-nous à établir quant à présent, avec le témoignage unanime des rapporteurs du jury de l'exposition, que la concentration des forces industrielles est la condition première et indispensable d'une production abondante et économique. Ainsi le veut le principe de concurrence admis aujourd'hui par la législation commerciale des principales nations. Le peuple qui s'obstinerait dans les vieux errements serait bientôt hors de combat.

Depuis 1860, date du traité de commerce avec l'Angleterre, l'industrie française a réalisé, sous ce rapport, des progrès incontestables. On peut dire qu'elle a renouvelé presque entièrement son outillage. Menacée par la concurrence de l'industrie anglaise, belge et allemande, elle a dû nécessairement emprunter, dans ce qu'elles avaient de supérieur, les armes de ses concurrents. Il ne lui a plus suffi de briller par la qualité de ses produits ; il a fallu qu'elle s'organisât pour abaisser ses prix de revient. C'est ce qu'elle a fait, et le succès a récompensé ses efforts, à ce point que non-seulement elle a gardé à peu près intacte la clientèle du marché national, mais encore qu'elle a vu s'accroître sensiblement la part qu'elle prenait à l'approvisionnement des marchés étrangers. Encore quelques années, et la France se trouvera presque en ligne avec l'Angleterre dans cette concurrence de la fabrication à bon marché, fabrication pour laquelle sa rivale est organisée depuis longtemps, et qui est favorisée, de l'autre côté du détroit, non-seulement par l'extension des marchés répandus sur toute la surface du globe et par le développement de la marine, mais aussi par les dispositions des lois commerciales et des lois civiles. Nous ne pouvons qu'indiquer ici, d'une façon sommaire et incidente, les causes générales qui ont concouru à faire de l'Angleterre le pays de la grande industrie et de la production à bas prix : ces causes sont connues de toutes les personnes qui ont étudié, même superficiellement, la constitution économique des différentes nations. Il n'en est pas moins vrai que, pendant ces dernières années, la France, l'Allemagne, la Belgique, la Suisse, sont entrées à leur tour dans la carrière de la grande industrie, et que chacun de ces pays, avec les avantages qui lui sont propres, soit parce qu'il obtient plus directement les matières premières, soit parce qu'il est en possession d'une main-d'œuvre moins coûteuse, se voit en mesure d'abaisser les prix de revient et de lutter, sur le marché même de l'Angleterre, avec la vieille industrie britannique. Prenons les statistiques les plus récentes. En 1863, la France a expédié en Angleterre des produits fabriqués pour une valeur de près de 500 millions.

En présence de cette situation, aussi flatteuse pour notre amour-propre que rassurante pour nos intérêts, il importe de considérer les progrès accomplis par les autres peuples, en particulier par l'Angleterre, qui, après avoir eu l'honneur d'engager le combat en pratiquant la première la liberté commerciale, a compris immédiatement la nécessité de redoubler d'énergie et d'activité pour se défendre contre les concurrences que lui révélait avec un appareil si brillant l'exposition universelle de 1851. Les rapports du jury français démontrent que ces progrès chez les principaux peuples ont dépassé toutes les prévisions, et s'ils exaltent avec raison les produits de l'industrie nationale, ils attestent en même temps les efforts inouïs qui ont été tentés partout, en Angleterre plus qu'ailleurs, pour disputer à la France la supériorité qu'elle avait conservée jusqu'alors sans conteste dans la fabrication des articles d'art et de goût. Il faut en prendre notre parti : la France n'a plus le monopole de l'art industriel. Elle a fait des élèves qui menacent de l'égaler et qui commencent à lui disputer la palme. Le jury tout entier a été frappé de cette compétition inattendue ; il a désiré que la question fût l'objet d'une étude spéciale, et cela nous a valu un rapport de M. Mérimée sur l'état actuel de l'art dans ses applications à l'industrie. Voici comment s'exprime M. Mérimée : « Depuis l'exposition universelle de 1851, et même depuis celle de 1855, des progrès immenses ont eu lieu dans toute l'Europe, et bien que nous ne soyons pas demeurés stationnaires, nous ne pouvons-nous dissimuler que l'avance que nous avions prise a diminué, qu'elle tend même à s'effacer. Au milieu des succès obtenus par nos fabricants, c'est un devoir pour nous de leur rappeler qu'une défaite est possible, qu'elle serait même à prévoir dans un avenir peu éloigné, si dès à présent ils ne faisaient pas tous leurs efforts pour conserver une supériorité qu'on ne garde qu'à la condition de se perfectionner sans cesse. L'industrie anglaise en particulier a fait depuis dix ans des progrès prodigieux, et si elle continuait à marcher du même pas, nous pourrions être bientôt dépassés. » A ce témoignage viennent se joindre les déclarations des différentes sections du jury, déclarations qui ne sont pas exemptes d'inquiétudes au sujet de notre prééminence en fait d'art.

Aussi dans tous les rapports concernant les industries qui s'inspirent de l'art, l'on demande que le gouvernement multiplie les écoles de dessin, crée des musées, et prodigue les encouragements à toutes les institutions propres à élever, à épurer le goût national. C'est là un vœu unanime, qui se justifie par l'exemple éclatant de l'Angleterre, car on a remarqué que le progrès de l'art industriel en Angleterre procède de la création du musée et de l'école de South-Kensington, qui, soit directement, soit par leurs nombreuses succursales répandues sur toute la surface du Royaume-Uni, ont formé en dix ans près de 100,000 élèves. Cette nature anglaise, que l'on croyait apte seulement aux robustes travaux de la manufacture, s'est révélée tout d'un coup fine, délicate, docile aux lois de la ligne et de la couleur, par l'effet d'un enseignement bien organisé. Si nous pouvons être fiers de l'émulation qu'ont excitée nos modèles et de la propagande que notre industrie a exercée au-delà de nos frontières, au point de nous créer de redoutables rivaux, nous devons en même temps veiller à ce que la suprématie qui est pour nous une gloire nationale ne nous échappe pas. Pour conjurer le péril, on compte trop, à ce qu'il semble, sur l'action du gouvernement. Celui-ci ne saurait à lui seul, comme on le lui demande, semer les écoles de dessin et les musées sur toute la surface du territoire. Il faut que les villes manufacturières, que des réunions de fabricants, fassent, dans leur propre intérêt, des sacrifices nécessaires. Le rôle de l'état doit se borner à la direction de renseignement supérieur.

Il en est de même pour les autres branches d'industrie. À la vue des produits si perfectionnés que l'on admirait dans le palais de Kensington, les jurés français ont pensé avec raison que la puissance industrielle de chaque nation dépendra, à l'avenir, non plus seulement des avantages naturels attachés à la possession des matières premières et du combustible, ou à l'abondance de la main-d'œuvre, mais, en première ligne, du degré de science et d'instruction auquel sera portée la pratique manufacturière. Avec la facilité et l'économie des transports, avec le développement, des relations commerciales, les régions privées de la matière première peuvent se la procurer à peu de frais ; avec l'emploi des machines, le nombre des bras importe moins que par le passé. Ce qui importe pardessus tout dans la période de transformation dont nous sommes témoins, c'est que patrons et ouvriers soient familiarisés avec les principes de la science mécanique, dont l'application est devenue générale, c'est qu'ils connaissent parfaitement l'outillage nouveau avec lequel ils travailleront désormais. De là les vœux exprimés dans la plupart des rapports du jury pour l'extension de l'enseignement industriel et professionnel. M. le général Morin et M. Tresca ont consacré à cette question un rapport spécial, qui est sans doute le point de départ des études auxquelles se livrent en ce moment les ministres du commerce et de l'instruction publique pour organiser sur de plus larges bases cette branche d'enseignement : problème assurément très difficile, presque insoluble, si l'on prétend qu'en pareille matière l'état puisse tout faire, et si l'intervention des associations particulières et des fabricants eux-mêmes n'y est point appelée à jouer le plus grand rôle. Quoi qu'il en soit, et sans préjuger le mérite de propositions qui seront le fruit d'un examen très approfondi, nous n'avons à relever ici que la nécessité, unanimement proclamée, d'une instruction professionnelle plus libéralement répandue, tout aussi bien parmi les patrons que parmi les ouvriers, nécessité évidente qui nous apparaît comme un hommage rendu à l'intelligence humaine. Oui, dans notre siècle où les pessimistes affectent de ne voir que le triomphe des intérêts matériels, la nécessité de l'instruction, et d'une instruction qui au siècle dernier aurait été considérée comme supérieure, cette nécessité qui s'impose à l'exécution des travaux les plus vulgaires, montre bien que l'intelligence reprend sa place au sommet de toutes les œuvres de l'homme, et elle consacre une fois de plus le triomphe de l'esprit sur la matière. Enseignement, instruction, voilà le mot d'ordre de la génération industrielle qui se presse autour des nouveaux et puissants engins que la science lui a donnés, et c'est l'honneur des expositions universelles de l'avoir mis en circulation chez tous les peuples.

Section II

Les délégations envoyées à l'exposition de Londres avaient une double mission : en premier lieu, elles devaient examiner les produits, étudier les procédés de fabrication et comparer les résultats obtenus ; en second lieu, elles trouvaient l'occasion, qu'elles ont saisie avec un empressement bien naturel, de visiter les ateliers anglais, de s'enquérir du taux des salaires à Londres ainsi que des conditions générales du travail, enfin d'exprimer leur opinion sur les moyens d'améliorer en France le sort des ouvriers.

La première partie de cette mission a été remplie avec un soin digne des plus grands éloges. Les rapports des délégués seront lus très utilement, même après les rapports du jury. On y rencontre tout ce que l'on peut attendre d'ouvriers intelligents, connaissant à fond la branche d'industrie à laquelle ils sont voués dès l'enfance, habiles à discerner le fort et le faible des produits, et animés, dans leurs appréciations, d'un sincère esprit de justice. Leurs sympathies légitimes pour les galeries françaises de l'exposition ne les ont point aveuglés sur les mérites des expositions étrangères. S'ils ont revendiqué les titres de supériorité qui, pour un certain nombre de produits, appartiennent à la France, ils se sont inclinés devant ceux que peuvent invoquer nos concurrents. Pas la moindre trace de cet esprit exclusif et de ce style vantard qui naguère encore faisaient que notre patriotisme était souvent injurieux et insupportable pour les autres peuples. En jugeant avec impartialité, en admirant sans crainte l'industrie anglaise, les ouvriers qui ont rédigé ces rapports ont oublié qu'ils parlaient de la perfide Albion. C'est là un symptôme significatif des changements qui se sont opérés dans l'esprit public. Les jalousies, les haines internationales, même les plus invétérées, sont en voie d'apaisement. Les relations particulières, établies entre les hommes, préparent la réconciliation des peuples » Que l'on se reporte à vingt ans en arrière : à cette époque, il ne se serait pas trouvé en France un seul ouvrier qui se fût exprimé, sur le compte de l'Angleterre et des Anglais, avec les sentiments d'estime que le simple instinct de la justice et des convenances a inspirés aux délégués, Ceux-ci, du reste, s'accordent avec les membres du jury sur l'avenir qui est réservé à l'industrie française : à très peu d'exceptions près, ils sont d'avis que nous pourrons lutter avantageusement contré les autres-nations ; ils n'expriment aucun regret à l'adresse des prohibitions supprimées, et ils ne forment aucune demande qui ait pour objet l'établissement ou l'exhaussement d'un tarif de douane.

Pourquoi faut-il que ces sentiments si remarquables de

modération et d'équité abandonnent les délégués dans la seconde partie de leur travail, c'est-à-dire dans celle où ils exposent la situation des populations ouvrières, leurs aspirations et leurs vœux ? Dès qu'ils abordent ce sujet, leur langage devient tout autre : on ne croirait plus entendre les mêmes hommes. Voici qu'il est question de la tyrannie du capital, du fléau de la concurrence, de l'avarice des patrons, de l'exploitation de l'homme par l'homme. On nous ramène à l'année 1848, à ses idées et à ses phrases. Est-ce là un progrès ? Certainement non. — Un étranger qui ne connaîtrait pas la France et qui lirait cette seconde partie des rapports de la délégation ouvrière devrait nécessairement se figurer que nous sommes une nation barbare, où la masse du peuple, croupissant dans les bas-fonds de la misère, est opprimée par une caste privilégiée sans cœur et sans entrailles. Il s'étonnerait qu'une société ainsi constituée puisse exister en pleine civilisation européenne. Quelle ne serait point sa stupéfaction en apprenant que la France, loin d'être une nation barbare, est au contraire l'une des plus grandes nations de la terre ! Si enfin, voulant avoir raison d'une contradiction aussi monstrueuse, cet étranger faisait comparaître devant lui, dans une sorte d'exposition universelle, les différents peuples, non-seulement avec les produits de leur travail, mais encore avec leurs mœurs, avec leurs lois, avec leurs conditions sociales, quel rang assignerait-il à la France, sinon celui que tous ses enfants réclament pour elle ? Rassuré par cette grande enquête, il demanderait sans doute quel est le sentiment, quels sont les faits qui ont pu inspirer et motiver de tels rapports.

Hâtons-nous de le dire, le sentiment qui a animé les délégués des ouvriers n'est autre que ce sentiment naturel qui porte tout homme à rechercher et à réclamer comme un droit une destinée meilleure : maladie incurable à laquelle tous tant que nous sommes, même au milieu des satisfactions apparentes de l'opulence, nous demeurons fatalement condamnés ; à plus forte raison doivent-ils en ressentir les angoisses ceux d'entre nous qui ne vivent que du salaire péniblement gagné jour par jour. Quant au fait qui a provoqué l'expression de ces plaintes si amères, c'est la comparaison que les délégués ont pu établir directement entre les salaires de Londres et ceux de Paris et de Lyon. Les salaires à Londres sont plus élevés qu'ils ne le sont en France, et la durée du travail est généralement moindre. Cette simple constatation, sans qu'il fût besoin d'autres recherches, a suffi pour convaincre les délégués que la condition de l'ouvrier, anglais est beaucoup meilleure que celle de l'ouvrier français, et ils en ont conclu que, si les patrons n'accordent point la hausse des salaires, cela tient à leur mauvais vouloir et à leur cupidité, s'exerçant à l'abri d'une législation oppressive pour la classe ouvrière.

Les chiffres de salaires recueillis à Londres par les délégués sont-ils bien exacts, ou du moins (car nous ne suspectons en aucune façon la sincérité des rapporteurs) ces chiffres doivent-ils être considérés comme représentant le taux normal, régulier, du prix de la journée dans la capitale de l'Angleterre ? Rien de plus difficile qu'une telle statistique : le même atelier renferme plusieurs catégories d'ouvriers, les uns gagnant de fortes journées en proportion de leur mérite, les autres obtenant, d'après la même loi, des salaires moindres, d'autres enfin se voyant réduits à une rémunération minime, parce que leur travail est peu productif. Cette hiérarchie des salaires, conforme à la nature des choses et commandée par les besoins de la production industrielle, existe en Angleterre comme elle existe en France, comme elle existe partout. Si donc les délégués avaient comparé les salaires des ouvriers anglais avec lesquels, pendant la durée très courte de leur voyage, ils se sont trouvés en rapport, et qui forment évidemment l'élite des ateliers de Londres, s'ils avaient comparé ces salaires avec le taux moyen des salaires de l'ouvrier français, ils auraient nécessairement commis de graves erreurs. Nous ne hasardons ici qu'une hypothèse ; mais, d'après le peu que nous savons en cette matière et en présence des chiffres qui ont été produits, nous croyons que l'écart signalé entre les salaires des ouvriers en France et en Angleterre a été, pour un certain nombre d'industries, sensiblement exagéré. Ce n'est pas tout : pour apprécier la condition respective des ouvriers dans deux contrées différentes, le taux des salaires à un moment donné n'est point le seul élément qu'il faille considérer. Il convient en même temps de rechercher de quel côté se rencontrent les plus grandes garanties contre le chômage, c'est-à-dire contre la privation absolue du salaire, ainsi que les facilités les plus larges ouvertes à l'ouvrier pour s'élever au rang de patron. Il importe enfin d'examiner les faits dans leur ensemble, de consulter l'histoire et de décider dans lequel des deux pays il y a le plus de misère. Or, à ces différents points de vue, il serait peut-être facile de démontrer que la situation industrielle est plus favorable en France qu'en Angleterre. Par suite de l'extension qu'a prise l'industrie anglaise, et qui la rend dépendante de tous les incidents extérieurs, le travail, plus abondant et dès lors mieux rémunéré que partout ailleurs en temps de paix et de prospérité, est de même plus généralement et plus cruellement frappé qu'en aucun autre pays du monde, s'il survient une période de guerre ou de crise. Il est donc plus fréquemment exposé aux interruptions du chômage. La constitution de l'industrie et du commerce repose sur la possession préalable d'un fort capital ; ce qui ne permet guère aux ouvriers de devenir patrons et les maintient à tout jamais à l'état de salariés, tandis qu'en France, sous un régime différent, un horizon plus large est ouvert aux contre-maîtres, aux commis, aux ouvriers intelligents et de bonne conduite, qui, des rangs les plus humbles d'une fabrique ou d'un comptoir, peuvent s'élever à l'indépendance, à la fortune, aux dignités. Et pour l'ensemble n'est-il pas certain que l'Angleterre paie tristement la rançon de sa grandeur, de sa richesse, de l'admiration qu'elle inspire, par le contraste de l'incurable misère qui étale ses haillons dans les cités industrielles ? Peut-on oublier les affreuses périodes de crise qu'ont eu à traverser les ouvriers anglais ? Il a fallu, pour atténuer le mal, recourir à la taxe des pauvres, précipiter l'immigration, créer partout des *work-houses*, ouvrir toutes les sources de la charité publique et de la charité privée, et même aux époques de prospérité ces expédients fonctionnent encore. D'où il suit que, tous comptes faits, la condition des populations ouvrières dans la Grande-Bretagne n'est point de nature à exciter notre envie. Les délégués n'ont vu que la surface, ils n'ont point regardé le revers. L'enquête à laquelle ils se sont livrés n'a pas été complète. S'attachant à un fait unique, au chiffre du salaire, ils ont négligé tout le reste, et dès lors, au lieu d'éclairer les ateliers sur la situation comparative des ouvriers dans les deux pays, ils ont rapporté de Londres des notions inexactes qui peuvent, en éveillant de chimériques espérances et des prétentions immodérées, compromettre gravement le sort de l'industrie nationale.

Après avoir rappelé ces considérations générales, nous examinerons la question spéciale du salaire anglais, telle qu'elle a été posée par les délégués. Oui, le prix de la journée de travail à Londres et dans les villes manufacturières est plus élevé qu'il ne l'est à Paris et à Lyon. On peut discuter sur la quotité de la différence et sur les chiffres ; mais la différence existe, elle est incontestable. Ce fait admis, il faut en rechercher la cause. Serait-ce qu'en Angleterre les manufacturiers et les patrons sont plus équitables, plus généreux qu'en France ? Prélèvent-ils, à titre de rémunération pour leur capital et de bénéfice pour leur industrie, une moindre part sur l'ensemble de leur production, laissant ainsi une part plus grande à la collaboration des ouvriers ? Aucune de ces deux suppositions ne serait exacte. Les chefs d'industrie sont tout aussi honorables en France qu'en Angleterre ; ils professent et pratiquent à l'égard des populations ouvrières une égale sympathie, et l'on doit, non point dédaigner (car c'est là un grand malheur), mais repousser pour eux ces déclamations injurieuses dont nous regrettons d'avoir retrouvé l'écho dans quelques-uns des rapports émanés des délégations ouvrières. Quant aux bénéfices, il est notoire que ceux des chefs d'industrie sont plus forts en Angleterre qu'en aucun autre pays. On cite à Londres, à Manchester, à Glasgow, en beaucoup plus grand nombre que chez nous, de ces fortunes colossales acquises dans la manufacture. Laissons donc là les récriminations personnelles. Les patrons français ne doivent pas être mis en cause. Ce n'est pas leur faute si le salaire est moindre pour l'ouvrier français que pour l'ouvrier anglais ; ils n'y gagnent rien, et la plupart échangeraient volontiers leur condition contre celle de leurs collègues d'Angleterre, qui peuvent, en rémunérant plus largement le travail de la main-d'œuvre, réaliser pour eux-mêmes des bénéfices plus grands.

Si donc la cause de la différence des salaires ne réside pas dans les personnes, c'est qu'elle existe dans les choses ; c'est là qu'il convient de la chercher, et, disons-le tout de suite, c'est là qu'on la trouve. Par ses nombreuses colonies, par sa supériorité maritime, par les relations qu'elle s'est depuis des siècles créées sur tous les marchés du monde, l'Angleterre a conquis la suprématie commerciale. On la rencontre partout trafiquant, non-seulement pour son propre compte, mais encore, et dans une très forte proportion, comme intermédiaire des autres peuples. Il suit de là que, son capital fût-il moindre que celui de la France (ce qui serait à vérifier), ce capital s'emploie et se renouvelle plus fréquemment par une fabrication plus abondante et par un écoulement plus rapide des produits, de telle sorte qu'il obtient une rémunération bien supérieure. En outre, la nécessité de produire beaucoup et de produire vite, l'insuffisance de la main-d'œuvre dans les périodes d'activité pendant lesquelles les gains sont plus élevés, enfin l'obligation de lutter contre la concurrence étrangère, ont amené les manufacturiers anglais à faire appel au concours des machines, et il n'est pas contestable qu'ils ont devancé et qu'ils dépassent encore tous leurs concurrents pour l'emploi des engins mécaniques. Cette transformation a eu depuis longtemps pour conséquences la concentration de l'industrie et l'association d'immenses capitaux, parce que seules les grandes usines peuvent supporter les frais de fichât et de l'entretien des machines, et surtout parce qu'elles peuvent seules fournir à ces machines la quantité de travail nécessaire pour rémunérer le capital qu'elles représentent, et qui ne saurait, sous peine de ruine, demeurer inactif. — Par le moyen des machines, la main-d'œuvre, plus rapide, est devenue plus économique ; par le moyen de la concentration du travail, les frais généraux ont pu être diminués. Toutes ces causes réunies font que la fabrique anglaise, plus achalandée, mieux outillée et plus savamment organisée, a conservé jusqu'ici l'avantage sur la fabrique française. Avec des gains plus élevés, elle est nécessairement en mesure de répartir une plus forte somme de salaires.

Cette influence des machines sur la hausse des salaires est si vraie que nous commençons à la remarquer en France, dans plusieurs industries où l'outillage mécanique a été introduit ou perfectionné. Nous avons déjà cité l'effet de la peigneuse Heilmann-Schlumberger. Les rapports du jury signalent d'autres exemples non moins frappants. C'est l'évidence même. Une nouvelle et grande loi peut être inscrite désormais dans le code de la législation économique, à savoir que la hausse des salaires est en raison directe de l'emploi des machines, ce qui n'empêche pas que nous n'ayons encore rencontré çà et là dans les rapports des délégations ouvrières la trace d'anciennes appréhensions contre la concurrence des machines. Quoi qu'il en soit, puisque nous en sommes à comparer les ressources et les revenus de la fabrication anglaise avec ceux de la fabrication française, nous devons faire ressortir les avantages que l'application multipliée des forces mécaniques a procurés à l'industrie britannique, et qui ont profité aux ouvriers aussi bien qu'aux patrons, au salaire comme au capital, et nous expliquons ainsi en partie la différence non contestée du prix de la main-d'œuvre dans les deux pays.

C'est donc bien réellement la nature des choses, c'est la constitution du régime industriel qui produit l'élévation relative du salaire anglais. Depuis que la France est entrée dans les voies de la liberté commerciale, depuis qu'elle a agrandi ses usines et amélioré son outillage, depuis enfin qu'elle tend à s'organiser à la façon anglaise, afin de fabriquer et de vendre davantage, elle a vu, elle aussi, hausser le prix du travail, car, si l'on comparait les salaires français d'aujourd'hui avec les salaires des périodes antérieures, on constaterait partout une augmentation plus ou moins sensible,. même en tenant compte de la diminution de valeur qui a frappé le numéraire. Les mêmes causes ont déterminé les mêmes effets, à mesure que le capital industriel a été plus employé et mieux rémunéré, la main-d'œuvre a dû être plus recherchée, plus disputée par la concurrence des patrons et par conséquent mieux payée.

Ces raisonnements ne satisferont pas les ouvriers. Ceux-ci ne voient que le fait de la différence des salaires, quand cette différence est à leur désavantage. Si on leur démontrait que les ouvriers belges, allemands, suisses, italiens, espagnols, reçoivent des salaires moindres que les leurs, ils devraient donc répondre, pour être logiques, que les manufacturiers belges, allemands, suisses, italiens, espagnols, sont plus cupides que les manufacturiers français, de même que ceux-ci sont dénoncés par eux comme étant plus cupides que les manufacturiers anglais, qui paient la main-d'œuvre plus cher ! Leur bon sens, plus fort que leur logique, reculerait sans doute devant une telle conclusion ; mais ils ne se préoccupent pas de ces comparaisons, qui leur semblent étrangères à leur sujet. Les délégués ont vu à Londres les ouvriers anglais en possession de salaires plus élevés. Nous pouvons, pensent-ils, et nous devons être rémunérés et traités au moins comme les ouvriers anglais, nous qui travaillons plus longtemps et qui les égalons en habileté. S'il n'en est pas ainsi, c'est que nous subissons le joug d'une législation injuste ; on nous empêche de faire valoir nos droits, — Et à cet effet les délégués sollicitent les armes ou plutôt (car il s'agit là d'un débat tout pacifique) les moyens qui leur paraissent nécessaires pour que la réforme des salaires s'accomplisse.

Quels sont ces moyens ? En première ligne figure la suppression des articles du code pénal relatifs aux coalitions. Il a été donné satisfaction à ce vœu par la loi votée dans la session de 1844. Le régime contre lequel ont réclamé les délégués était en effet inconciliable avec le principe de la liberté du travail. Vainement prétendait-on qu'il était favorable aux ouvriers en les protégeant contre leurs propres entraînements, et en garantissant, avec la paix publique, la sécurité des industries et des ateliers. Ce motif, qui pour un grand nombre de partisans de l'ancienne loi n'était qu'un prétexte, ne devait point prévaloir contre les principes de liberté et de justice qui ont fort à propos inspiré les pouvoirs publics. Ce n'est pas tout : les délégués demandent qu'il soit permis aux ouvriers de se réunir, afin de discuter en commun et de s'entendre sur toutes les questions qui intéressent leurs salaires et leurs rapports avec les patrons. On leur oppose la loi générale sur les réunions et associations, et cette objection prend certainement sa source plutôt dans l'appréhension d'un péril politique que dans le désir de restreindre en quoi que ce soit le droit qui leur est acquis de débattre librement leurs conditions de travail. Cependant l'interdiction légale qui frappe les réunions nous paraît une entrave presque absolue à l'exercice de ce droit, et sur ce point encore nous serions de l'avis, des délégués. Soit que l'on modifie la loi générale, soit que le gouvernement, usant largement des pouvoirs qui lui sont conférés par cette loi, autorisé les réunions d'ouvriers, il importe essentiellement que ceux-ci puissent se consulter et se concerter. Cela est permis aux patrons, et en tout cas cela leur est facile. De même qu'en matière de coalitions, les actes délictueux demeureraient passibles de la loi pénale ; mais il faut que l'action de se réunir, si elle ne devient pas tout à fait licite, soit du moins tolérée. On voit là des dangers, des troubles, dont les ouvriers seraient les premières victimes ! N'aperçoit-on pas plus de périls encore, un jour ou l'autre, dans la violation, même bien intentionnée, d'un principe certain ? Nous voici engagés sur le terrain du libre travail ; nous l'avons, depuis quelques années à peine, débarrassé de la plupart des plantes parasites qui l'obstruaient, et nous y avons jeté de fécondes semences. Qu'avons-nous à craindre des bras qui le cultivent et qui, par une expérience d'autant plus courte qu'elle sera plus complète, peut-être même plus douloureuse, en connaîtront mieux le prix ?

Viennent ensuite, parmi les vœux exprimés par les délégués, des demandes concernant la formation de sociétés corporatives et de syndicats mixtes, la révision de la loi sur les conseils des prud'hommes, la réglementation de l'apprentissage, la limitation de la journée de travail à dix heures, les encouragements à accorder, au besoin par l'intervention directe de l'état, à des associations ouvrières, enfin la détermination de tarifs pour les salaires, et même la fixation d'un minimum de salaire. Sauf la révision de la loi des prud'hommes, qui peut en effet laisser sans représentation suffisante plusieurs branches d'industrie, nous n'apercevons dans ces demandes aucun élément qui soit de nature à provoquer des dispositions nouvelles, soit législatives, soit réglementaires. La liberté de coalition, complétée par le droit ou par la faculté de réunion, implique la création possible des sociétés corporatives et des syndicats ; l'apprentissage est régi par des mesures spéciales dont il appartient aux intéressés de réclamer l'exécution ; la limitation de la journée de travail à dix heures, si elle était prescrite par une loi, gênerait et léserait à la longue l'ouvrier au moins autant que le patron ; les conventions particulières, librement débattues, doivent seules y pourvoir. Les associations ouvrières ont le champ libre ; il en existe quelques-unes, et si elles ne se multiplient pas, c'est qu'elles ne s'accordent que très difficilement avec les exigences du travail industriel : témoin l'Angleterre, où l'association, si bien comprise et si généralement pratiquée, ne s'est jamais étendue à la direction d'une usine. Et surtout, demander que l'état accorde des subventions aux sociétés qui tenteraient de se former, c'est rêver l'impossible. Quant aux salaires fixes et au minimum de salaire, la question, qui n'est d'ailleurs soulevée que par un petit nombre de rapports, n'est même pas discutable. En résumé, parmi tous les vœux exprimés, il n'y a de sérieux que les demandes qui s'appliquent à la liberté de coalition et à la liberté de réunion. De ces deux libertés, la première est dès ce moment acquise : la seconde ne se fera peut-être pas longtemps attendre.

Voilà, dégagées des commentaires compromettants qui les accompagnent, les propositions des délégations ouvrières. Il nous faut maintenant revenir au point de départ. Il s'agit, on le sait, de provoquer la hausse des salaires et d'atteindre le salaire anglais. Nous avons vu pendant ces derniers temps, à Paris et dans quelques villes, certains corps d'état obtenir l'augmentation du prix de la journée, ou, ce qui revient au même, la limitation des heures de travail. Cette révision partielle des salaires, qui s'est accomplie facilement et sans lutte, mérite d'être remarquée ; elle se poursuivra sans doute partout où elle sera possible. En même temps qu'elle prouve l'utilité des modifications récemment apportées au régime des coalitions, elle atteste la sagesse des patrons qui ont accepté franchement les conséquences d'une situation toute nouvelle ; mais il ne faut pas que l'on se fasse illusion. Ce n'est ni la loi récente, ni le bon vouloir des chefs d'industrie, ce ne seraient pas surtout les exigences impérieuses des ouvriers qui amèneraient la hausse des salaires. Les délégués, qui ont étudié l'histoire des manufactures britanniques, ont dû y voir que si la libre entente des ouvriers, se combinant avec la concurrence des patrons qui se disputent la main-d'œuvre, a assuré au travail son véritable prix, les coalitions violentés ont invariablement eu pour résultats la fermeture des ateliers, l'épuisement des caisses de chômage et la ruine des populations ouvrières. Ils y ont lu également que le taux de la journée, dans diverses branches d'industrie, a subi des alternatives assez fréquentes de hausse et de baisse. Cette impuissance de la force à l'égard du salaire et cette mobilité de la valeur assignée au travail démontrent suffisamment qu'en pareille matière tous les agents de la production industrielle, les ouvriers comme les patrons, sont tenus d'obéir à une loi supérieure, indépendante de leurs désirs et de leurs caprices, et cette loi, les économistes l'ont rattachée au principe général de l'*offre* et de la *demande*, principe dont les applications sont aussi variées qu'infaillibles.

On a sévèrement blâmé les économistes d'avoir introduit dans cette discussion une doctrine que l'on emploie d'ordinaire pour caractériser les rapports commerciaux et pour coter le prix des marchandises. Comment ! leur a-t-on dit, le salaire à vos yeux est une marchandise, l'ouvrier est une chose ? Voilà tout ce que votre science a trouvé pour résoudre le problème qui intéresse au plus haut degré les destinées de l'homme, de la famille, de la société : une dénomination matérielle qui, appliquée aux personnes, est presque une injure ! — Ces reproches se trouvent dans les rapports des délégués, qui cependant, pour la question du salaire, nous proposent comme modèle cette Angleterre où, plus qu'en aucun autre pays, le travail avec ses tarifs extrêmement mobiles est vendu, acheté à l'instar d'une marchandise, et où les ouvriers, lorsque le *stock* des bras est trop abondant, sont exportés par chargements sur les navires de l'émigration. Les économistes que l'on accuse si fort, et que l'on dénonce à l'indignation des populations ouvrières, se bornent à observer et à constater les faits qui leur paraissent certains ; ils n'ont pas à les justifier, ils les caractérisent, les classent et les dénomment. Or n'est-il pas certain que là où le nombre des ouvriers est inférieur aux besoins du travail, comme là où la quantité des produits en vente est inférieure aux besoins de la consommation, la main-d'œuvre a plus de prix, le produit est plus recherché, et l'un et l'autre se cotent plus cher ? N'est-il pas également certain que, dans le cas contraire, il y a baisse dans les prix de la main-d'œuvre et des produits ? Ce sont des vérités élémentaires ; la doctrine de l'offre et de la demande apparaît là dans toute sa rigueur. C'est en vertu de cette doctrine que l'Angleterre peut et doit payer, qu'elle paie réellement plus cher la main-d'œuvre, parce qu'elle a d'immenses éléments de travail, parce que le bon marché de sa production lui compose une clientèle très abondante de consommateurs, et enfin parce que l'émigration, devenue pour elle une nouvelle source de richesse, remplit le rôle d'une soupape dont les ouvertures opportunes préviennent l'encombrement des ouvriers, l'excédent de l'offre des bras sur la demande et l'avilissement du salaire. C'est d'après le même principe, par les mêmes causes, et non autrement, que les ouvriers français peuvent espérer l'amélioration de leur sort. Il n'y a dans cette grave question rien d'arbitraire ; tout y est prévu et ordonné avec une exactitude mathématique. Vainement appellerez-vous à votre aide la toute-puissance de César : César ne peut pas vous garantir un minimum de salaire. Avec la liberté que vous réclamez, que les économistes réclament avec vous et pour vous, vous demeurez assujettis aux lois générales qui règlent partout les conditions de la production, lois rigoureuses que la science a déduites de l'observation attentive des faits, et qu'il est de son devoir et de son honneur de proclamer bien haut, non pour vous décourager, mais pour vous éclairer et vous servir !

En résumé, les délégués, en constatant la hausse des salaires anglais, n'ont vu qu'un effet ; ils n'ont point recherché les causes, et non-seulement ils ont négligé cette étude si essentielle, mais encore on voit par leurs rapports que les ouvriers français, dont ils sont les organes, conservent leurs anciens préjugés contre le capital, contre la concurrence, contre la division du travail, et même contre les machines, c'est-à-dire qu'ils voudraient précisément combattre et proscrire les causes qui ont produit en Angleterre les effets dont ils sont tout à la fois émerveillés et jaloux. Ils avaient là une occasion unique de s'instruire sur les questions économiques et d'abjurer leurs vieilles erreurs. Ils pouvaient contempler à Londres les créations fécondes de ce capital tant honni, les innombrables produits de la concurrence, les résultats d'un travail divisé à l'infini, l'universel emploi des machines, en même temps que, par une préoccupation si légitime, ils remarquaient avec envie que le prix de la main-d'œuvre avait notablement haussé, que le salaire de l'ouvrier était plus élevé en Angleterre qu'en France et que partout ailleurs. Comment, en rédigeant leurs rapports, les délégués n'ont-ils pas été frappés de cette connexité ? comment n'ont-ils pas rattaché l'effet aux causes ? Et par quel fatal aveuglement n'ont-ils rapporté de Londres que leurs tristes et vides théories de 1848 ?

Fort heureusement pour les ouvriers, si l'exposition de Londres ne les a point éclairés sur le régime qui convient à leurs propres intérêts, elle a répandu parmi les manufacturiers et dans les régions administratives d'éclatantes lumières. Il n'y a plus désormais la moindre incertitude sur l'excellence du grand principe qui divisait naguère les meilleurs esprits ; le principe de la liberté commerciale a triomphé ; il est maintenant accepté sans réserve. C'est la plus belle conquête de notre génération ; mais cette conquête, il faut la conserver et l'étendre. De là de nouveaux devoirs pour le gouvernement et pour les chefs d'industrie ; de là l'obligation de consacrer aux dépenses productives de la paix la majeure partie des ressources nationales, et la nécessité d'approprier le mécanisme industriel au régime de concurrence, qui exige une fabrication plus perfectionnée et moins coûteuse, au service d'une consommation toujours croissante et au profit du travail, c'est-à-dire de la population ouvrière. Ce qui s'est fait depuis 1860 prouve que les conséquences de la liberté commerciale sont généralement comprises ; la politique s'est sentie plus d'une fois retenue dans ses élans par l'intérêt mercantile et par des considérations qui, en d'autres temps, étaient écartées de ses conseils ; la plupart des manufactures se sont déjà transformées. Tous les esprits s'occupent ardemment des questions de banque, d'industrie, de commerce, de prévoyance, d'enseignement ; que peut-il sortir de cette étude universelle, sinon l'accroissement de la fortune générale par l'effet d'un travail mieux dirigé, et pour tous l'augmentation des profits et des salaires par l'effet d'un travail plus productif. Le travail même n'est plus ce qu'il était naguère ; grâce au concours de la science mécanique, un moins grand nombre de nos semblables sont courbés sous d'ingrats et exténuons labeurs ; chaque découverte donne la liberté à des milliers de bras pour rendre la vie à des milliers d'intelligences. Ce bienfait, dont la moindre machine en mouvement nous représente l'image, est un bienfait universel ; il est acquis à tous les peuples, à la seule condition que ceux-ci s'en rendent dignes par l'instruction. Peu importent le nombre et la vigueur des bras : l'avantage dans cette concurrence nouvelle, appartiendra aux plus instruits.

L'instruction ! Ce sera donc, ici encore, notre dernier mot. De même que les rapporteurs du jury, les délégués des ouvriers ont signalé la nécessité d'ouvrir des écoles d'arts et métiers, des salles de dessin, des musées, des bibliothèques. Les uns et les autres sollicitent le développement de l'enseignement industriel et de l'enseignement professionnel. Comment ne pas se joindre à de telles instances ? Oserions-nous dire cependant que nous sommes, en cette matière, plus modeste ou plus ambitieux ? Nous demanderions avant tout l'enseignement primaire. Il existe, mais dans une mesure qui, d'après un rapport lu récemment à l'Institut par M. le général Morin, n'est pas suffisante, et nous classe au-dessous d'autres nations auxquelles la France ne devrait point laisser cet avantage. Faut-il donc « ériger l'instruction primaire en devoir légal ? » expression très heureuse que nous trouvons dans un rapport du jury anglais, et qui nous dispenserait de scandaliser peut-être bien des oreilles en proposant tout crûment l'*enseignement obligatoire* ?... Si nous avions conservé à cet égard quelques doutes, même après avoir lu dans la collection des travaux du jury un remarquable rapport de M. Ch. Robert, rapport qui forme la suite d'études persistantes sur cette question, ces doutes se seraient en grande partie dissipés depuis que nous avons étudié les nombreux documents concernant l'exposition universelle. Il ne convient pas seulement de conquérir pour notre pays les profits de l'instruction ; il faut surtout écarter les périls de l'ignorance. Ces périls, dans la période de transition que traverse l'organisation industrielle, sont très sérieux : il y a malheureusement parmi les populations ouvrières et agricoles un fonds d'idées et d'expressions fausses qui risquerait d'égarer leur honnêteté naturelle, s'il n'était remplacé au plus vite par la simple et saine doctrine du premier enseignement. Au surplus, développer très largement l'instruction primaire, n'est-ce point poser les assises les plus solides et les plus sûres de l'enseignement professionnel ? En l'état actuel des choses, la multiplication préalable des écoles d'arts et métiers pourrait avoir une conséquence qui, dans le langage économique, se traduirait par ce terme : que l'offre excéderait la demande. On ouvrirait beaucoup d'écoles où il viendrait peu d'élèves. Au contraire, généralisez l'instruction primaire, et bientôt, par un effet certain, le désir de l'instruction naissant de l'instruction elle-même, vous aurez un recrutement plus nombreux d'aspirants à l'enseignement supérieur. Cette opinion ne saurait être prise pour une objection contre les vœux qui ont été énoncés dans les rapports du jury et dans ceux des délégués ; elle exprime seulement, sur cette grande question de l'enseignement, un vœu plus large, qui s'inspire tout à la fois d'un intérêt politique et d'un intérêt industriel.

Ici doit se terminer cette étude d'ensemble sur les expositions universelles à propos de l'exposition de 1862 : non que le sujet soit épuisé ; les rapports du jury ne forment pas moins de six volumes, où sont réunis tous les matériaux d'une savante encyclopédie. Nous nous sommes borné à en détacher les traits saillants qui caractérisent l'industrie contemporaine. Certes il nous eût été plus commode de nous en tenir là et de ne point aborder en même temps l'examen des rapports des délégations ouvrières. Bien que nous ayons revendiqué, avec les délégués, la liberté ou tout au moins la faculté de réunion, qui, ajoutée à la liberté de coalition, est la plus puissante garantie des intérêts de leurs mandataires, ils ne verront peut-être dans les pages qui précèdent que la contradiction opposée aux opinions et aux idées qui leur sont le plus chères. Oui, cette contradiction est absolue, et elle ne cherche pas à s'en excuser. Assez d'autres ont flatté et flatteront les ouvriers ; ils n'y ont rien gagné. Les doctrines qu'ils soutiennent ont eu leur jour en 1848. Qu'en est-il résulté ? L'atelier national. Il ne faut pas que nous retombions dans les mêmes erreurs, et le meilleur préservatif est un débat sincère. Comment d'ailleurs passer sous silence un document presque officiel, qui doit être lu avidement dans les ateliers de nos grandes villes, qui contient en quelque sorte la charte économique des populations ouvrières ? Il importe que la société tout entière sache ce qu'il y a au milieu d'elle de misères à soulager et d'erreurs à redresser : c'est ainsi qu'elle apprend ce qu'elle a de devoirs à remplir dans l'intérêt de ceux qui souffrent ? dans l'intérêt de ceux qui se trompent, dans son intérêt à elle-même. Notre civilisation est orgueilleuse, et elle a le droit de l'être ; mais en marchant vers le Capitole, elle doit éclairer les routes qui aboutissent au mont Aventin.

ISBN : 978-1719491129

www.ingramcontent.com/pod-product-compliance
Lightning Source LLC
Chambersburg PA
CBHW070141230526
45472CB00004B/1634